U0158887

聪明的大自然

改变我们生活的神奇仿生学

[法]米莉耶·苏切尔 文　　[德]苏阿·巴拉克 图　　于晓悠 译

乐乐趣

陕西新华出版传媒集团
陕西人民教育出版社
·西安·

目录

第二章 大自然的启迪

我们的星球
——地球

地球是一个广阔的整体，一个巨大的生态系统。在这个生态系统中，空气、水、土壤和动植物共同存在。在沼泽地上，植物不仅是动物的食物，还能为动物净化饮用水、制造生存所必需的氧气。而动物呢？它们在地下挖洞穴、掘通道，让土壤通风换气，同时它们的粪便也会成为肥料，最后被植物吸收。死去的植物会变成腐殖土，可以滋养土壤。水让新的植物得以生长，也是每个生命体中不可或缺的元素。

据推测，地球上的生命出现在约38亿年前。虽然生命的形式不断变化，但是没什么能让生命本身彻底消亡——无论是覆盖陆地和海洋的冰川，还是大型火山喷发，抑或是陨石的冲击。

然而，在过去的两个世纪中，地球这个生态系统变得越来越失衡。人类过度使用煤炭和石油之类的化石能源，不仅污染了空气，还使得全球气候变暖。

如今人类已经明白，我们再也不能像以前那样过度消耗资源了，我们必须积极寻求解决方案，找到与地球及其他物种之间和谐共存的新平衡。

当然，没有什么方法是一劳永逸的，但通过观察生物和它们在自然界中的生存方式，我们可以从中汲取灵感，不断创新和发明。

这种科学方法被称作"仿生学"。

运用仿生学的目的不仅仅是改进或发明材料、物品、技术，更是帮助人们找到全新的可持续的生产、生活和消费方式。我们的终极愿景是和其他生物和谐共存，因为我们人类也是地球生态系统的一部分。

　　本书介绍了一些已经实现了的仿生学的例子，它们的灵感都来源于人类对大自然的观察。除了书中提到的例子，现实中还有很多从大自然中汲取灵感而产生的创新和发明。在这些创新和发明的共同推动下，或许有一天，我们会重新与地球及地球上的其他"居民"和谐相处。

第一章

大自然的智慧

人类并不清楚地球上到底有多少物种，我们只认识其中一小部分，而且旧物种的消亡和新物种的诞生从未停止。我们唯一能确定的是：它们有数十亿种之多。

地球上的物种多样性令人难以置信。无论它们的大小、形状和其他特征如何，它们都会随着时间变化发生改变，以适应周围的环境。为了猎食、繁殖和自我保护，它们各显神通，进化出了各种各样令人惊叹的能力。

不可思议的
北方塘鹅

北方塘鹅（又名北鲣鸟、憨鲣鸟）是一种以鱼类等为食的北大西洋海鸟。它可以毫不费力地在大洋上空滑行数小时，直到发现猎物。

与人类不同的是，北方塘鹅绝不会呛水，因为它的喙上没有鼻孔，上下闭合极为紧密。同时，它也是非常优秀的潜水员，可以在水下精准地捕食，把猎物衔在嘴里。

凭借敏锐的视觉，北方塘鹅可以预测猎物在水下的深度。

当北方塘鹅以每小时100千米的速度向大洋俯冲，撞击水面时，理论上它会被巨大的冲击力撞晕，但事实并非如此。接近水面时，它皮肤下的小气囊会鼓起来，大大缓和了冲击的力度。

大多数硅藻是单细胞植物，常由几个或多个细胞个体联结成各式各样的群体。为了保护自己，它们会穿一身"盔甲"。这可没有看上去那么简单，这身"盔甲"必须轻便，同时还要允许水和阳光进入。

硅藻的"盔甲"是由大量硅质组成的细胞壁。这些硅质的主要成分是二氧化硅,因为二氧化硅也是玻璃的主要成分之一,所以硅藻就像住在一间透明的海洋玻璃屋里。硅藻的细胞壁上还有许多气孔,使得这身"盔甲"不仅质量小,而且结构坚固。

不可或缺的
硅藻

硅藻是一种浮游藻类,大多生活在开阔的远洋水域。它们如此微小,以至于肉眼都看不见。硅藻的现存种类超过10万种,形状也多种多样。

不过,千万别小瞧这些微小生物,它们正做着非常了不起的事。和所有植物一样,硅藻一边吸收二氧化碳,一边制造了大量氧气。

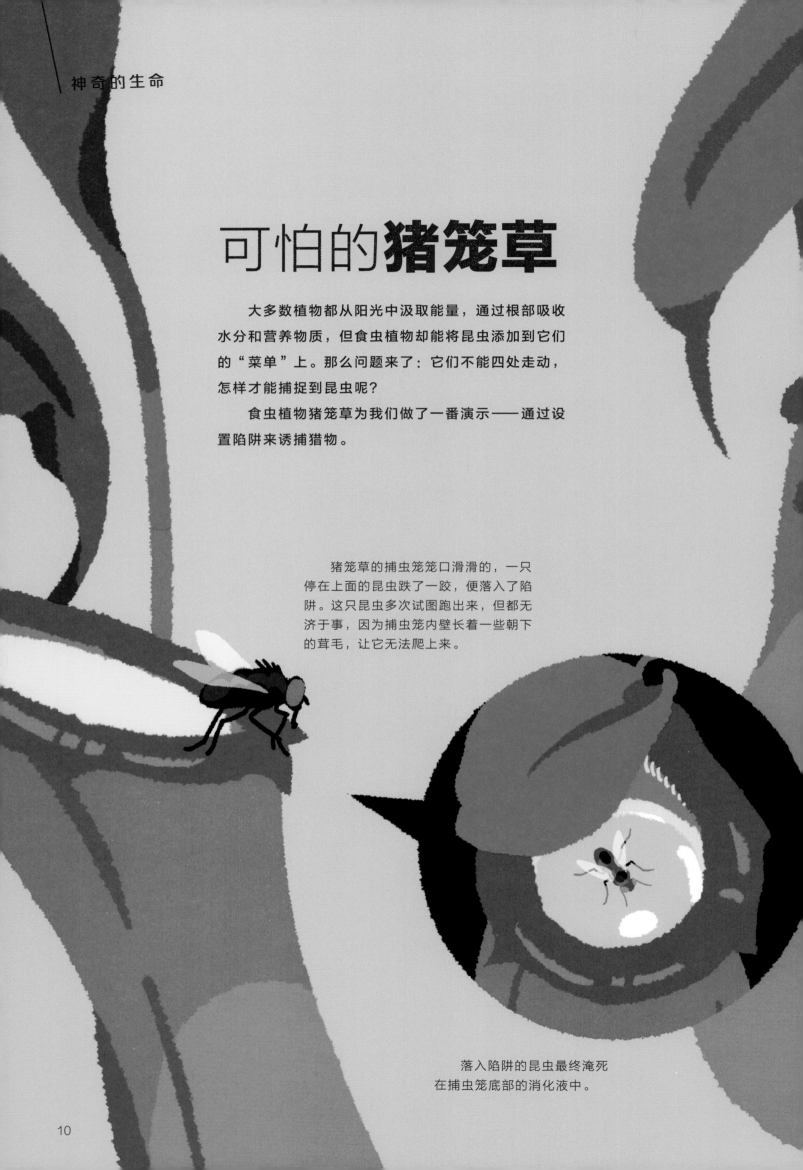

可怕的**猪笼草**

大多数植物都从阳光中汲取能量，通过根部吸收水分和营养物质，但食虫植物却能将昆虫添加到它们的"菜单"上。那么问题来了：它们不能四处走动，怎样才能捕捉到昆虫呢？

食虫植物猪笼草为我们做了一番演示——通过设置陷阱来诱捕猎物。

猪笼草的捕虫笼笼口滑滑的，一只停在上面的昆虫跌了一跤，便落入了陷阱。这只昆虫多次试图跑出来，但都无济于事，因为捕虫笼内壁长着一些朝下的茸毛，让它无法爬上来。

落入陷阱的昆虫最终淹死在捕虫笼底部的消化液中。

滚成球的
刺猬

刺猬体格不够强壮，速度也不快，遇到攻击时不能迅速躲藏。它们更不会依靠挖洞来隐藏自己，避开天敌。这种小型哺乳动物本会成为许多掠食者的猎物，数量逐渐减少，直至灭绝。然而，刺猬却一直存活到现在，这完全归功于它们独特的自我保护技巧，虽然这种技巧并不是百分百有效。

当危险来临时，比如遇到狐狸或猫头鹰，刺猬会竖起体背和体侧坚硬的棘刺。

刺猬的每一根棘刺都与一束叫作"立毛肌"的肌肉相连，当这束肌肉收缩时，棘刺就会竖起来。

在棘刺竖起来的同时，刺猬会头朝腹面弯曲，把身体蜷缩成一团，包住头和四肢。即使捕食者把它翻过来，也无处下嘴。

刺猬可以连续几个小时保持这种球状姿势。谁要是想碰它，一定会被扎到。

13

大自然的智慧从何而来？

在历史的长河中，一些物种消失了，比如巨型海蝎、猛犸象和霸王龙。

大自然在
不断演化

在自然界中，每个生物都是独一无二的。人类可能会觉得所有蚯蚓都长得一样，所有乌鸦都别无二致，草地上的每朵雏菊都没有区别。但实际上，哪怕是同一个物种，每个个体也不会完全相同。

有时候，与众不同的差异性能让某只动物或某株植物更好地适应环境。在繁殖过程中，它会把这种差异遗传给后代。等这些后代长大，它们又会遗传给自己的后代。这个物种就这样逐渐变得多样化。

伴随着旧物种的消亡，新物种也在不断出现。比如，粉色海豚，还有我们所属的物种——智人。这就是所谓的"演化"。

波德·马卡鲁岛是一座无人居住的小岛，面积相当于两个足球场。

新生蜥蜴的腿逐渐变短，体重增加，奔跑速度也变慢了。但蜥蜴的头变大，咬合力变强，更好地磨碎植物。

适应环境的
蜥蜴

1971年，科学家将5对蜥蜴引入克罗地亚的波德·马卡鲁岛。时隔36年，科学家重返波德·马卡鲁岛，发现岛上的蜥蜴有了明显的变化。

在一代代更迭中，蜥蜴不断适应这座岛屿的生存环境。比起昆虫，新生蜥蜴更喜欢吃植物，它们几乎不再捕猎了。

新生蜥蜴与其胃里的线虫形成了共生关系，这些线虫可以帮助它们消化植物。

生物界
是**怎样运转**的?

如果我们观察周围就会发现,无论是池塘还是森林,在这些或小或大的生态系统中,生命都会以一种和谐的方式互利共生,欣欣向荣。

直到18世纪,人类还能与地球和谐相处,对生态系统的破坏也微不足道。但进入工业时代后,情况发生了改变。为了满足自身需求,人类无限度地开采和使用化石燃料,寻找新的资源,甚至使用稀有或有毒的物质。人类不断地浪费资源,产生了大量废物,却只能回收其中的一小部分。

这种情况让地球的生态系统失去平衡,但人类也是这个生态系统的一部分,需要依靠它而存活。

充分利用

灌木丛中的植物吸收了穿过树叶缝隙的阳光。

循环利用

蜣螂可以吃掉其他动物产生的粪便。

化学元素

已知的化学元素有100多种，这些微小的元素就像盖房子的砖，构成了一切物质（行星、空气、水、生物……）。不过，生物体通常由大约20种元素组成，其中最主要的4种元素是碳、氢、氧和氮。它们都是无毒的。

可再生能源

太阳取之不尽的能量让植物获得养分，存活并生长。

相互作用

植物吸收二氧化碳，释放氧气，这就是光合作用。

动物则需要吸入氧气，呼出二氧化碳。

就近原则

树木依靠自身的根，从周围的土壤中汲取所需的水分和矿物质。

合作共生

树木和真菌共同建造了一个由根和菌丝构成的地下网络。它们可以通过这个网络进行沟通，不仅能保护自身免遭危险，还能交换养分。

自愈能力

蚁穴崩塌后，蚂蚁会改变筑巢方式，重建巢穴。

森林火灾过后，埋在地下的种子与那些被鸟类和啮齿动物带来的种子都会生根发芽，再次长成森林。

狩猎的计谋

很久以前,人类就学会了观察和模仿大自然。比如,在南美洲的亚马孙雨林,印第安人的祖先看到某些鸟类攻击猎物前会在一些藤本植物上磨爪子,后来他们发现这些植物中含有一种能使动物肌肉完全松弛的物质。

印第安人的祖先把这种物质涂抹在弓箭或吹箭的箭头上。

角雕
（哈比鹰）

有了这种技术，狩猎变得更容易了。一旦被箭射中，猎物便会瘫痪，无法逃脱。猎人们再也不用一路狂奔去追赶受伤的猎物了。

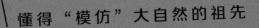

飞行的愿望

几个世纪以来，发明家持之以恒地从自然界中汲取灵感进行创新，意大利人列奥纳多·达·芬奇（1452—1519）便是其中的佼佼者。他不仅是一位非凡的科学家，也是仿生学的拥护者，"去学习大自然，那是我们的未来"就是他的座右铭。

达·芬奇渴望飞行，他期待研究出一架能让人类利用自己的手臂力量来飞行的扑翼机。为了画出这架扑翼机的设计图，他仔细观察了鸟类、蝙蝠和蜻蜓的飞行。

他的观察面面俱到，包括翅膀的形状，羽毛的功能和排列方式，以及起飞、飞行和着陆的一系列动作。

达·芬奇的设想最终停留在图纸阶段，未能付诸实践。因为当时用于制造扑翼机的材料过于笨重，人的肌肉不够发达，根本无法让它飞起来。

借助**潜水艇**
探索海底世界

　　随着科学的进步，各种工具不断被改进，功能越来越强大。这些工具能帮助我们更好地观察大自然。与此同时，知识的积累和更新也让我们更加了解大自然，我们找到了更多探索和学习它的方法。

　　如果没有发明能够承受深海水压的潜水艇，我们永远都不会发现和研究"海底热泉"。海底热泉位于大洋最深处，会像火山一样喷发，喷出一种挟带大量灰尘的热水，热水水温可以高达400℃。

在海底热泉周围，科学家发现了许
多闻所未见的奇异生物，比如白色螃蟹
和巨型管蠕虫。

电影《阿凡达》
的导演詹姆斯·卡梅
隆正是在一次乘坐潜
艇的潜航经历中受到
启发，才想象出"潘
多拉"假想星球上的
各类生物。

发现**新物种**

　　大自然是取之不尽的灵感源泉。虽然科学在不断进步，但地球上依然有很多未知的生物物种，而每一个新发现的物种都能为仿生学研究提供新的可能性。比如，直到2018年人们才在法国阿尔代什省的森林中发现了一种新的隐翅虫，并称它为"帕奥利弗的隐翅虫"（Staphylin de Païolive）。人类已知的昆虫种类超过100万种，这看起来似乎很多，但据专家估计，自然界里还有几百万种昆虫等着被发现呢！

"帕奥利弗的隐翅虫"没有眼睛，当然它也不需要眼睛，因为它生活在地下。对于地下的其他昆虫来说，它是个"巨人"，体形是其他昆虫的两倍大。

口袋鲨鱼是新近被人类发现的一个物种。这种袖珍鲨鱼被命名为密西西比铠鲨。它只有约14厘米长，能在黑暗中闪闪发光，以此来吸引猎物。

在新物种不断被发现的同时，一些旧物种也在逐渐消失。比如，三分之一的昆虫种类濒临灭绝，主要原因是农田耕作使用的有毒物质、气候变化以及栖息地被破坏。

不过，仍有许多动物、植物、真菌和细菌等待被发现。通过研究它们的特性，我们也许能从中汲取灵感，发明改进人类生活方式的新技术。因此，让我们付诸行动，一起来观察大自然、保护大自然吧！

朝天鼻、长耳朵、小嘴巴……它叫猪鼻鼠，是一种啮齿动物，生活在印度尼西亚中部苏拉威西岛上的一个偏远山区，直到2015年才被人类发现。

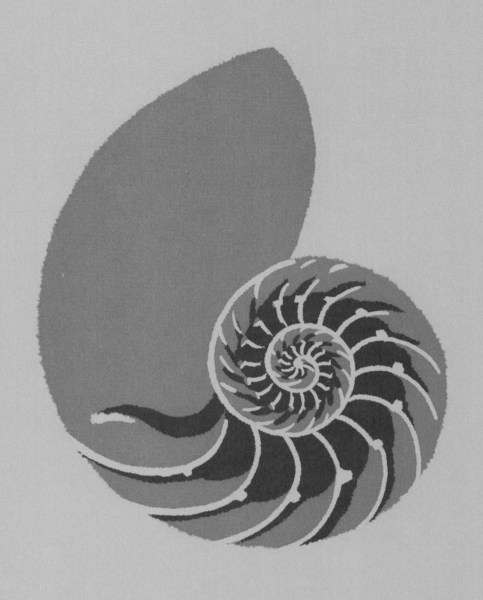

第二章

大自然的启迪

　　今天，知识的积累和工具的革新让我们能够进一步观察和了解生物，从中获得启发，帮助我们更好地适应环境。这可是十分有用的！因为人类亟需找到新的解决方案，来摆脱对石油等化石能源的依赖，替代那些会污染或破坏大自然的产品。为了迎接这一挑战，我们需要改变已有的生活方式。那么，怎样做才能既保障我们的衣食住行，又充分尊重这个生机勃勃的世界呢？

　　在大自然的启迪下，科学家、工程师和企业家共同开展了很多研究项目。这些项目有大有小，常常充满奇思妙想。

像猛禽
一样飞翔

一只雄鹰翱翔于天际，是多么壮丽的景象！它在高空盘旋，忽然攀住一股劲风，扶摇直上，随后又缓缓下降，寻找猎物。

研究人员通过观察发现，大型猛禽两翼的后缘各有一列坚韧而弯曲的羽毛。这些羽毛被称为飞羽，它们在大型猛禽振翅时整体挥动，拍击空气。飞羽也可以张开，让空气从缝隙中流过。

工程师受飞羽的启发，在飞机机翼的顶端增加了垂直翼。效果不负众望——飞行效率更高了！飞机飞行的速度变得更快，而且飞行同样的里程，也更省燃料。有了这个方案，我们就可以少使用一点石油能源。

大多数地质学家认为，石油是由史前的海洋动物和藻类的尸体经过漫长的变化而形成的。

燃烧石油时会释放出二氧化碳等气体，这会提高地表和低层大气的温度，是导致温室效应的原因之一。

这些气体中的氮氧化物等和水汽结合后形成酸雨，会对动植物及其生存环境产生破坏性影响。

"披上"鲨鱼皮

世界上有各种各样的鲨鱼：有大的，有小的；有吃浮游生物的，有大口吃鱼的；有生活在海洋咸水里的，有生活在淡水里的。其中绝大多数都是"游泳冠军"，这可不是无稽之谈，秘密就在它们的皮肤上！

鲨鱼的皮肤很粗糙，表面覆盖着一层细小的鳞片，形状好似牙齿，上面布满了沟槽状的结构。这种结构能够减小水流的阻力，使鲨鱼游得更快，更轻松。

人们受到鲨鱼皮的启发，发明了一种可以涂在船只或飞机上的清漆，以减少能耗。

人们受鲨鱼皮特性的启发，还发明了一种防止微生物附着的特殊涂料，主要用于医院地板、墙壁和家具上，大大减少了有害消毒剂的使用。

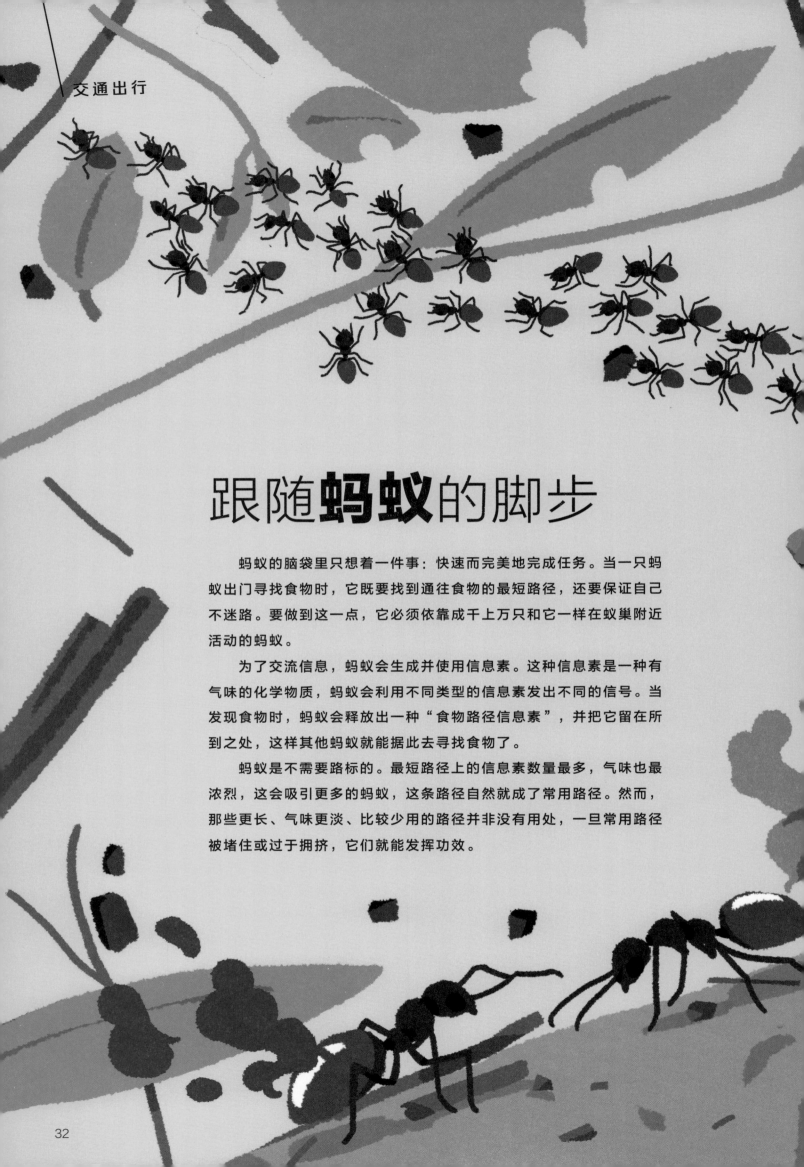

跟随**蚂蚁**的脚步

蚂蚁的脑袋里只想着一件事：快速而完美地完成任务。当一只蚂蚁出门寻找食物时，它既要找到通往食物的最短路径，还要保证自己不迷路。要做到这一点，它必须依靠成千上万只和它一样在蚁巢附近活动的蚂蚁。

为了交流信息，蚂蚁会生成并使用信息素。这种信息素是一种有气味的化学物质，蚂蚁会利用不同类型的信息素发出不同的信号。当发现食物时，蚂蚁会释放出一种"食物路径信息素"，并把它留在所到之处，这样其他蚂蚁就能据此去寻找食物了。

蚂蚁是不需要路标的。最短路径上的信息素数量最多，气味也最浓烈，这会吸引更多的蚂蚁，这条路径自然就成了常用路径。然而，那些更长、气味更淡、比较少用的路径并非没有用处，一旦常用路径被堵住或过于拥挤，它们就能发挥功效。

科学家正是从蚂蚁身上得到启发，创造出GPS（全球定位系统）的运行算法。如今，GPS已经成为人们生活中不可或缺的导航助手。GPS程序能够指示最佳路线，如果遇到堵车或需要临时变道的情况，它也能够提供替代路线。

GPS能帮助垃圾车确定垃圾收集的最短路线，帮邮递员找到送信的最快路线，帮快递送货员选择最通畅的路线。这可以大大节省燃料，减缓全球变暖的趋势，以及减少对地球环境的污染。

像**企鹅**一样取暖

　　帝企鹅生活在南极洲，这是地球上最寒冷、干燥、多风的大洲。雌帝企鹅在南极严寒的冬季产蛋，然后会离开两个月左右，下海捕食来补充体力，其间孵蛋的重任就落在了雄帝企鹅身上。虽然雄帝企鹅的羽毛和脂肪能够帮助自己对抗严寒，但无法做到在长时间里让小帝企鹅保持温暖。因此，雄帝企鹅通常挤在一起，围成一个大圆圈，它们不停地移动，轮流站向圆圈的最外层，也就是最冷的地方。这个办法很管用，圆圈的中心温暖如春，温度甚至可以达到30℃，而圆圈外面的气温却低至零下35℃。

一家建筑公司受到帝企鹅这种"圆圈状"御寒方式的启发，以全新的方式建造了一个园区。

莫斯科郊外的斯科尔科沃创新园建在一大片空地上，被一条河流环绕。河流可以排出园区内融化的雪水。

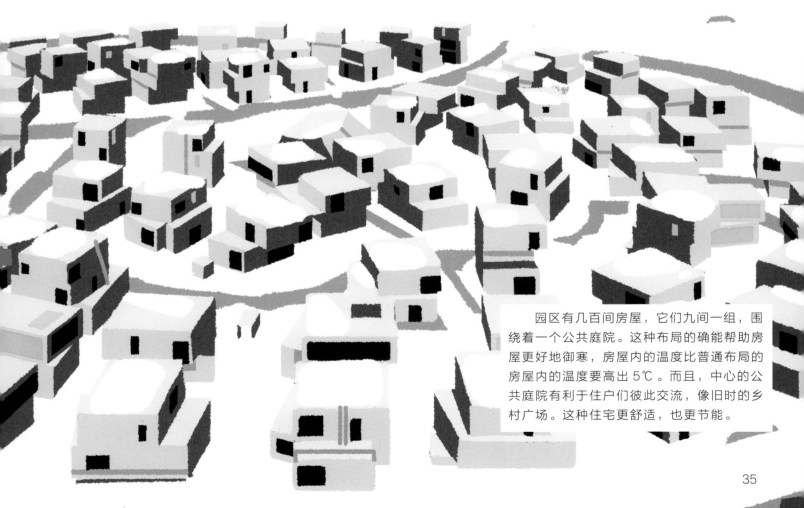

园区有几百间房屋，它们九间一组，围绕着一个公共庭院。这种布局的确能帮助房屋更好地御寒，房屋内的温度比普通布局的房屋内的温度要高出5℃。而且，中心的公共庭院有利于住户们彼此交流，像旧时的乡村广场。这种住宅更舒适，也更节能。

建造环保房屋

用**竹子**盖房子

鸟儿筑巢的时候，会在周边寻找所需的材料：稻草、小树枝、泥土、羽毛等。澳洲园丁鸟不仅会搭建鸟巢，还能找来鲜花、野果、玻璃、纸片等美丽的东西，把"房子"四周装饰一番，简直就是一个出色的"建筑师"。

哥伦比亚建筑师西蒙·维列也有同样的设计理念：利用当地资源，就地取材建造房屋。他对竹子的使用更是得心应手。

竹子是盖房子的理想材料，它质地坚韧，而且生长极快，存量丰富，是一种既耐用又可以生物降解的材料。

这种技术的优点之一是建筑物可以被分解拆除，之后还能在其他地方重新组装。

西蒙·维列研究出一种组装竹子的技术，他在部分竹茎中填充砂浆，然后用螺钉把它们连在一起。

36

西蒙·维列用竹子建造了许多既宏伟又坚固的建筑物，从楼房、桥梁到展览馆，甚至还包括重建的哥伦比亚佩雷拉中心临时教堂。

西蒙·维列的竹子建筑启发了其他建筑师，巴厘岛的艾罗拉·哈蒂就是其中之一。她把竹子用在自己的建筑设计中，减少了生产和使用混凝土所造成的污染。

白蚁家的"空调"

　　建造白蚁巢可不容易，有些白蚁巢甚至高达8米。白蚁巢内部有若干层，大量通道和储物室彼此交错。除此之外，白蚁巢还需要为成千上万的"居民"提供合适的生活条件。哪怕蚁巢外面烈日炎炎，里面的温度也必须保持适宜。

　　非洲白蚁在筑巢时会挖掘迂回曲折的通道，以此调节蚁巢的温度和湿度。

❷ 接着，空气沿着通道自然流通，沿路留下冷却的空气。

❶ 空气从蚁巢底部的孔洞进入，在通道中降低流速，逐渐冷却。

白蚁可以通过疏通或堵住孔洞来调节蚁巢的温度和湿度。

非洲津巴布韦的东门大厦就采用了这种温度控制
系统。它没有传统的空调设备，仅使用通风系统吸入
凉爽的空气，排出热空气，这比传统建筑节能多了。

非洲

哈拉雷   津巴布韦

陈旧的空气从高处排
巢，新鲜的空气被替
来。

贻贝的胶

　　贻（yí）贝开始生长时，为了不被海浪冲走，会把自己附着在一些合适的固体上。为了把自己黏住，贻贝会分泌一种胶状物——足丝。足丝富有韧性，附着力非常强，哪怕贻贝遇到暴风雨也不会脱落。

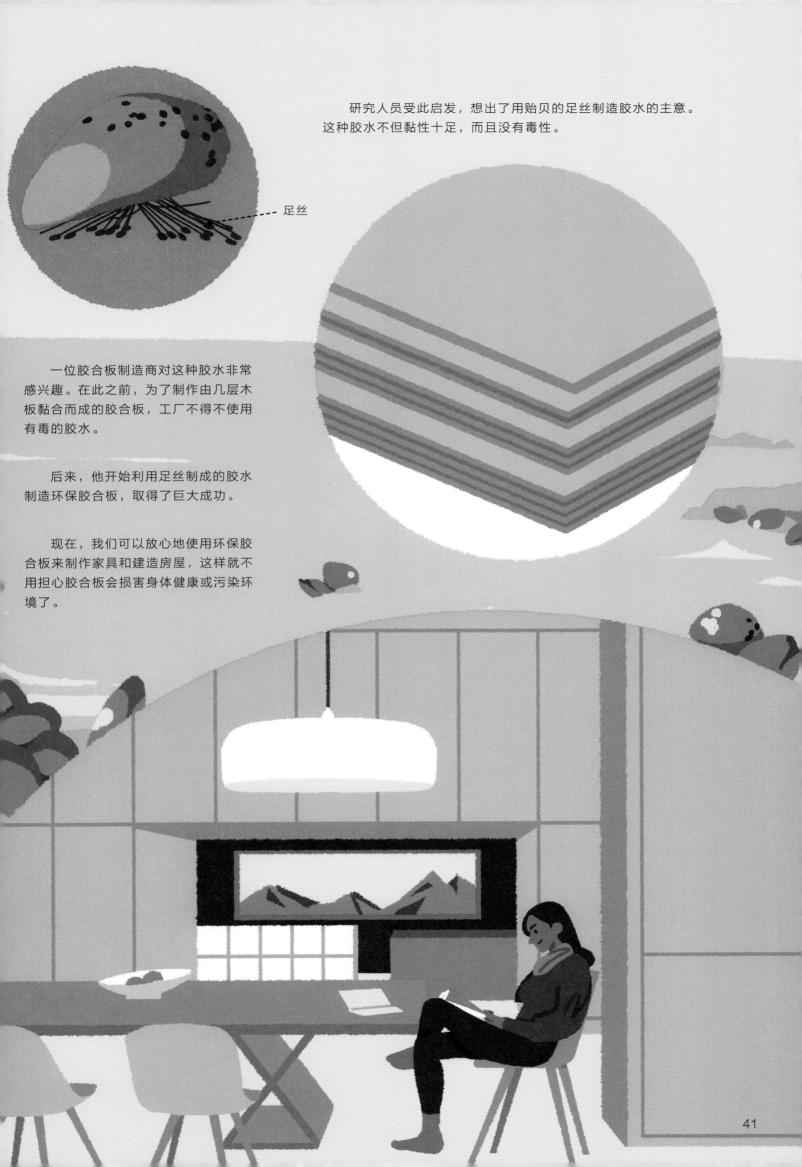

研究人员受此启发，想出了用贻贝的足丝制造胶水的主意。这种胶水不但黏性十足，而且没有毒性。

足丝

一位胶合板制造商对这种胶水非常感兴趣。在此之前，为了制作由几层木板黏合而成的胶合板，工厂不得不使用有毒的胶水。

后来，他开始利用足丝制成的胶水制造环保胶合板，取得了巨大成功。

现在，我们可以放心地使用环保胶合板来制作家具和建造房屋，这样就不用担心胶合板会损害身体健康或污染环境了。

虾蛄的眼睛

　　虾蛄（gū）在甲壳动物中赫赫有名，它们不仅像超级英雄一样力大无穷，还拥有把人类远远甩在身后的"超能力"——强大的视力。它们能看见接近红外线或紫外线的光束，而我们人类却看不到。

　　研究人员发现，人类可以将虾蛄的视觉系统应用在医疗上。通过这种独特的"过滤器"，哪怕疾病还处于早期阶段，医生也能辨别出病人体内的健康细胞和癌细胞。

研究人员仿照虾蛄的眼睛制造出了一台仿生仪器，这台仪器可以把我们肉眼难以分辨的东西变成可见的图像。

这台仪器可以帮助医生优化诊断，让医生能更好地检测病人体内的细胞是健康的还是发生了病变。如果需要切除因细胞病变形成的肿瘤，手术的动作也能更加精准。治疗时间越早、技术越完善，患者就越有可能康复。

这项受虾蛄视觉系统启发而研究出来的技术还被用来研发水下摄像头，提升水下拍摄的清晰度。想象一下，如果我们把它安装在潜水艇上，或许能更容易找到沉船。

熊冬眠的秘密

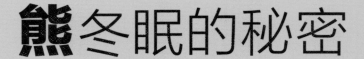

　　熊的生活方式很奇怪。它们在春天、夏天和秋天总是吃个不停，身体不断长胖，体内存储了大量脂肪。冬天到来时，它们只管躺在窝里睡觉，直到来年春天。

　　可是，如果一个人在几个月内快速增肥，他一定会生病。然后，要是再让他躺下连睡几个星期，不吃不喝，也不排泄，就这样一动不动，他一定活不下来。在这个过程中，他的肌肉会逐渐萎缩，骨头会变得脆弱，肾脏也会受损，直到心脏停止跳动。

　　然而，熊从冬眠中醒来时，却能活蹦乱跳，精神十足。

熊的冬眠引起了科学家的兴趣。他们进行了各种研究，想知道为什么熊在经过长时间沉睡后依然能保持健康。他们发现，熊冬眠时体内会生成一种可以保护肌肉的血清。

这一研究的目的之一是帮助和治疗那些因为身体活动不足而导致肌肉萎缩的人。

洋流发电

很多海洋动物都凭借在水中摆动身体来移动，比如鳗鱼和蝠鲼（fèn）。一名研究人员通过观察鱼类和随风飘扬的旗帜，想出了利用洋流发电的点子。他的设计没有采用传统的涡轮或螺旋桨，而是使用一片柔软又坚韧的膜，让它在水中上下波动，产生电能。

这名研究人员预先做出了若干样品，在家里测试了几个月。得到积极的实验结果后，他便毫不犹豫地全身心投入其中。就这样，海底波动发电机诞生了。

海底波动发电机的噪声很小，不会干扰水下动物的生活。在某次海上实验期间，一只海豚甚至把发电机上的膜当成玩具来玩。随着研究的推进，将来有一天这种发电机或许会被安置在大海里，甚至河流里。

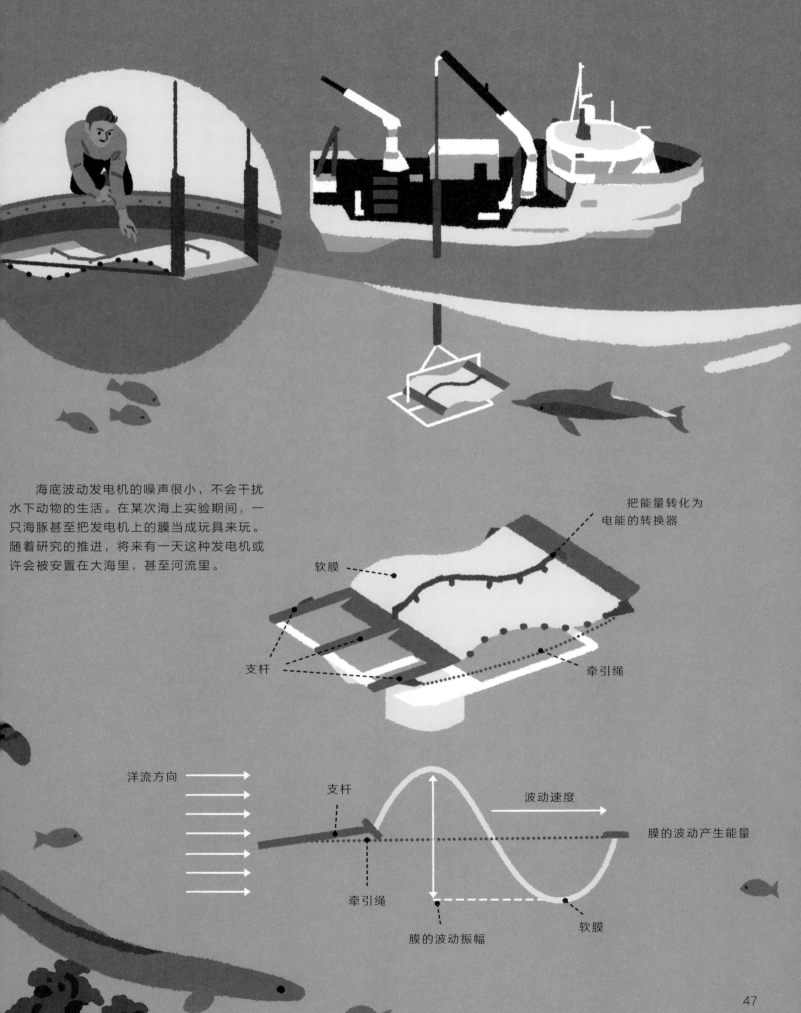

把能量转化为电能的转换器

软膜

支杆

牵引绳

洋流方向

支杆

波动速度

膜的波动产生能量

牵引绳

膜的波动振幅

软膜

鲸鳍
和风力涡轮机

座头鲸有一个十分独特的猎食技巧：一群座头鲸在发现鱼群后会快速下潜，再以鱼群为中心围成一个大圈飞快地游上来。这些动作会在水中产生气泡网，从而牢牢地困住鱼群。这时，座头鲸就可以大快朵颐啦！

有一次，生物学家弗兰克·菲什在美国波士顿购物时，发现了一个奇怪的小鲸雕像，它的胸鳍前端有一些凸起。菲什觉得这一定是制造商犯的错误，因为这些凸起看上去会让鲸的游速变慢。然而，他后来发现这些凸起可以帮助鲸减小水流阻力，使它们游得更快。

于是，菲什决定把鲸的胸鳍的形状应用在风力涡轮机的叶片设计上。他找来了一位工程师和一位企业家当合伙人，三人共同协作，发明了第一台样机。样机的测试结果令人惊喜，与传统光滑叶片相比，这些凹凸不平的鲸鳍式叶片让风力涡轮机的效率提高了20%，尤其在风力不足时优势会更加明显。不仅如此，它们运行时比传统叶片更安静，抵御风暴的能力也更强。

当他们尝试把产品投入市场的时候，却遭遇了失败。风力涡轮机的制造商们早就接满了订单，无意投资一个更高效的产品。

三位合作伙伴并没有放弃，他们又发明了其他产品，比如空调和电脑的风扇。鲸鳍式叶片的故事还在继续，让我们拭目以待。

太阳能叶片

我们可以在地球上自由呼吸，植物功不可没。它们利用太阳能吸收空气中的二氧化碳，合成自身生长所需的有机物，并释放出氧气，这个过程被称为光合作用。植物为了存活，会把树叶转向有光照的方向。

如果人类能模拟植物的光合作用，会发生什么呢？相关研究正在进行。科学家和创新型企业在尝试制造一种太阳能叶片，它能够捕捉太阳能，然后将其储存为太阳能燃料。而且，整个研究使用的都是那些既容易获得又可以回收利用的材料。

太阳能叶片

铜线

17 cm

8 cm

太阳能叶片不仅能减少化石燃料的使用，还能利用大气中积累的二氧化碳来产生能量和释放氧气。因此，它可以改善地球的生态状况。

蘑菇塑料

人类每年都会生产数亿吨塑料，导致严重的环境污染，因此找到塑料的替代品变得至关重要。蘑菇能从树上或地面冒出来，依靠的是菌丝体的生长。菌丝体细密，柔韧，且数量多。它们彼此交错联结，就像由无数条"根"织成的网。

两名来自纽约的学生在木屑中培育蘑菇时，观察到菌丝体不仅能围绕在木屑外围生长，而且能在木屑的间隙里不断穿插联结，最终紧紧地将这些木屑"捆绑"在一起。由此，他们产生了用菌丝体做包装盒的想法。在培育菌丝体时，他们选择使用植物性有机肥，比如玉米叶子、扁豆豆荚。

为了获得所需的形状，需要将菌丝体置于模具中进行种植。菌丝体不断增多，彼此交织，直到完全填满模具。

经过深入研究，"蘑菇塑料"终于被创造出来。它的生产耗能很小，而且被使用后可以快速降解。这真是一个了不起的发明，毕竟生产 1 立方米的聚苯乙烯（一种被广泛使用的塑料）就要消耗约 1.5 升的石油，而且这些聚苯乙烯要花数百年才会降解。

除了包装盒，蘑菇塑料还可以用来制造其他东西，比如玩具、家具。

不过，目前最好的解决方案是减少使用塑料包装。

生物塑料

　　某些昆虫的翅膀既坚硬又有弹性，既牢固又透明，比如蜻蜓。这些特性和某些塑料的性质相同。美国波士顿的研究人员对此兴趣浓厚，并开始着手研究这些昆虫翅膀的成分和构造。

　　在观察的基础上，哈维尔·费尔南德斯和他的研究团队对昆虫翅膀的层状结构进行了重新设计和改进。为此，他们使用了虾壳里的一种成分（与昆虫翅膀中的成分类似）和来自蚕丝的蛋白质。最终，他们得到了一种看起来非常像塑料的材料——柔软、轻薄、牢固又透明。

　　这种材料被命名为"Shrilk"，名字是两个英语单词shrimp（虾）和silk（蚕丝）的结合。

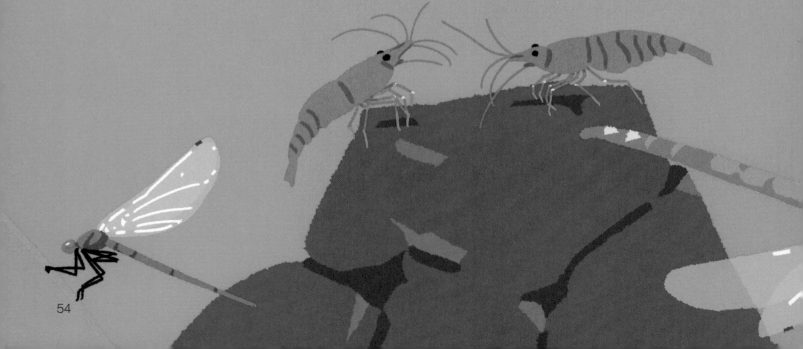

如果这种由可再生成分制成的材料"Shrilk"能够替代一部分由石油制成的塑料包装，那将是一项重大进展。塑料包装需要400多年才能降解，而如今它们无处不在——水里、土壤里，甚至海洋动物的胃里。

"Shrilk"在几个星期内就可以生物降解，而且由于其中含有丰富的营养成分，它还会转化成优质的天然肥料。

降解一个"Shrilk"瓶子所需要的时间

0个星期　　2个星期　　4个星期　　6个星期

收集水资源

　　在加那利群岛中的耶罗岛上，曾经有一种被称为"圣树"的神奇树木。这种树生长在风和雾中，水从树顶顺着树叶和树枝流下，像一座喷泉。由于岛上水资源稀缺，原住民依靠圣树解决了用水问题。可惜的是，17世纪的一场可怕风暴把岛上的圣树连根拔起。

　　为什么这种树会像喷泉一样呢？在风的作用下，雾里的小水珠被困在光滑的树叶上，它们不断聚集，形成大水珠。水珠沿着树叶和树枝流下，最终落到下面挖好的蓄水池里。

近几年，这个古老的集水系统引起了各国研究者的注意。在智利和秘鲁，两米多高的"捕雾网"整齐地排列着。起雾时，捕雾网上面细小的网孔就能捕获到水，这些水流向排水管，最后流进集水器。

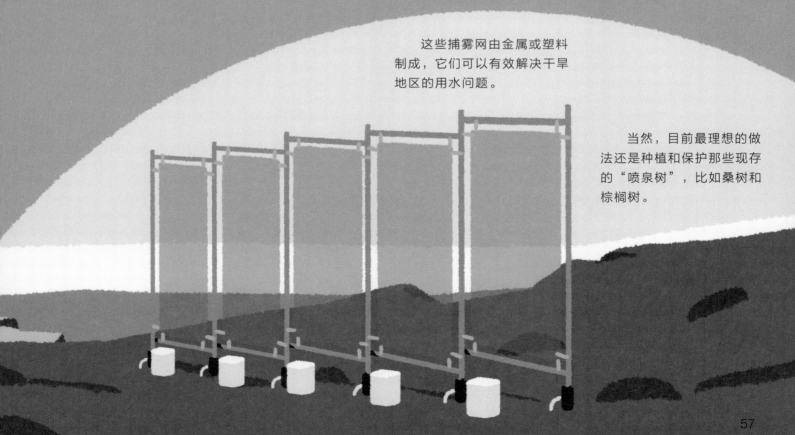

这些捕雾网由金属或塑料制成，它们可以有效解决干旱地区的用水问题。

当然，目前最理想的做法还是种植和保护那些现存的"喷泉树"，比如桑树和棕榈树。

永久性**农业**

大自然的天然风景并不像农田那样整齐划一。在大自然里，一片土地上的植物种类繁多，各自有不同的生长月份，享受的日照时间也不一样，但它们却都能繁茂茁壮地生长。

这种自然平衡的生长方式改变了许多农场，其中就有法国诺曼底的勒贝克埃卢安农场。那里的工作人员通过模仿大自然的方式生产人类和动物所需的食物，这种农业模式被称为"永久性农业"。

永久性农业的模式之一是在一块土地上种植生长速度不同的作物。利用不同作物生长周期的差异，人们可以在同样的时间里收获更多的食物。

此外，永久性农业还有很多模式。在冬季的菜园里散养鸡，鸡会用爪子刨土，吞食土壤里的虫子，鸡的粪便还会成为滋养土地的肥料；收集菜园和厨房的有机垃圾，可以进行堆肥；回收雪水，能满足菜园作物的部分用水需求。

在菜园里应用传统技术"共生种植法"，可以大大提高蔬菜产量。在西红柿或茄子底下，小红萝卜有足够的生长空间；玉米秆可以用来当作攀爬类豆类作物的支撑杆，玉米和豆类作物能为无法忍受炙热阳光的南瓜遮阳。另外，还可以在菜园中心种些像榛子树一样的果树。合理的利用每一寸空间，能产出更多样的食物。

有些植物天生就能彼此帮助，种在一起岂不两全其美？比如胡萝卜和洋葱，它们散发的气味混合在一起，既能驱除胡萝卜蝇，又能防治洋葱蝇。

遵循自然规律
来发展农业并不容易，
我们需要发现和采用既节约能源
又能适应变化的可持续发展方式。
要想取得进步，
我们需要恒久的耐心、
不懈的实践，
以及对大自然的细致观察。

仿生学家的小小备忘录

　　成为仿生学家意味着在解决问题或满足人类需求时要遵循如下原则：第一，与地球上的其他生物和谐共存；第二，灵感来自大自然，无论是技术还是运作方式。

　　但是，我们怎么知道自己发明的技术、生产的物品或采用的运作方式充分考虑了大自然呢？

　　右页列出了一些条件，只要我们尽可能满足，那就错不了。

有多种用途

充分利用本地资源

使用可再生能源

不产生垃圾或
产生的垃圾能被回
收再利用

我们的发明

建立人与自然之
间相互尊重的纽带

不破坏地球生态系统

只使用必要的资源

著作权合同登记号：陕版出图字25-2021-071

copyright 2020 by Editions Nathan, SEJER / Etablissement public du Palais de
la Découverte et de la Cité des Sciences et de l'Industrie, Paris– France
Édition originale : BIO-INSPIRÉS written by Muriel Zürcher, illustrated by Sua Balac

图书在版编目（CIP）数据

聪明的大自然 ：改变我们生活的神奇仿生学 / （法）
米莉耶·苏切尔文 ；（德）苏阿·巴拉克图 ；于晓悠译
. — 西安 ：陕西人民教育出版社，2022.8
　　ISBN 978-7-5450-8837-3

　　Ⅰ．①聪… Ⅱ．①米… ②苏… ③于… Ⅲ．①仿生—
少儿读物 Ⅳ．①Q811-49

中国版本图书馆CIP数据核字(2022)第085951号

聪明的大自然 改变我们生活的神奇仿生学
CONGMING DE DAZIRAN GAIBIAN WOMEN SHENGHUO DE SHENQI FANGSHENGXUE
[法]米莉耶·苏切尔 文　[德]苏阿·巴拉克 图　于晓悠 译

图书策划 孙俊臣　　　　　　　　　**责任编辑** 黄雅玲
封面设计 周长姣　侯鹏飞　　　　　**特约编辑** 邢恬恬
美术编辑 任君雅
出版发行 陕西新华出版传媒集团
　　　　　　陕西人民教育出版社
地址 西安市丈八五路58号(邮编710077)
印刷 鹤山雅图仕印刷有限公司
开本 889 mm×1 194 mm 1/10 **印张** 7.2
字数 28 千字
版印次 2022 年 8 月第 1 版　2022 年 8 月第 1 次印刷
书号 ISBN 978-7-5450-8837-3
定价 78.00 元

出品策划 荣信教育文化产业发展股份有限公司　**网址** www.lelequ.com　**电话** 400-848-8788

乐乐趣品牌归荣信教育文化产业发展股份有限公司独家拥有
版权所有　翻印必究